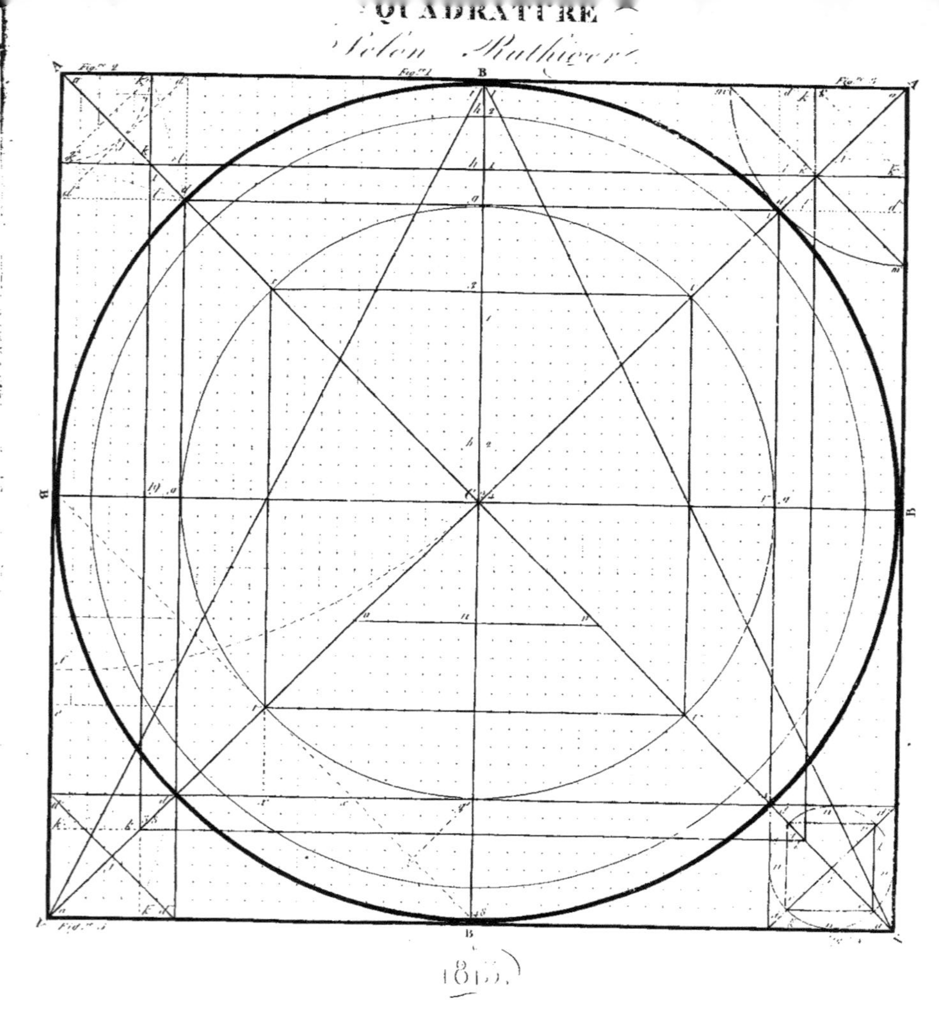

QUADRATURE
Selon Rathier
(815.)

SOLUTION

DU PROBLÈME GÉOMÉTRIQUE

DE LA QUADRATURE DU CERCLE.

Par M. Ruthieu.

PRIX : 2 f.

A PARIS,

CHEZ L'ADVOCAT, LIBRAIRE, PALAIS-ROYAL,
ET LES MARCHANDS DE NOUVEAUTÉS.

1821.

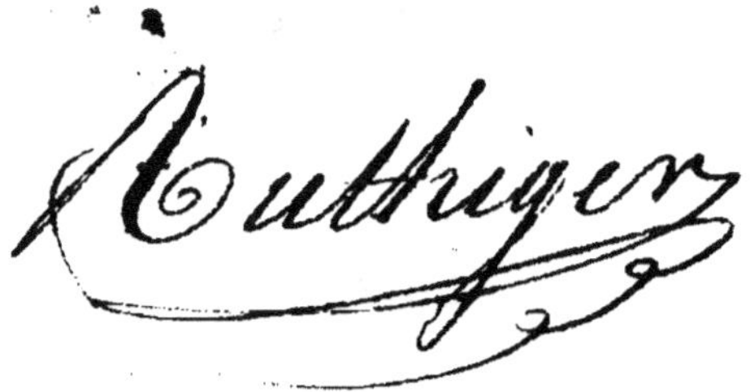

IMPRIMERIE DE GOETSCHY, RUE LOUIS-LE-GRAND, N° 27.

PRÉFACE.

La Géométrie , comme toutes les sciences, est chez les hommes le résultat des progressions de l'esprit humain , appliqué par le fait du raisonnement à l'investigation et à la capacité métrique plane de la figure ou du volume des corps , de l'espace et de l'étendue , de la vitesse et de la durée , et soumis , par le pouvoir et l'évidence des propriétés positives du calcul universel, à la révélation de leurs quantités graphimétriques, mais, par la sécheresse des abstractions spéculatives et l'aridité des opérations géométriques , le partage exclusif du petit nombre d'esprit flegmatiques et profonds, dont l'organisation ou le caprice a pour direction ou mobile l'ordre et la valeur des choses physiques et morales, et, par cette disposition scrutative dans l'observation , seuls appelés véritablement à la familiarité de la science , pour cette raison étrangère à la majorité ou négligée du vulgaire , comme n'étant point, ainsi que les beaux arts , l'objet immédiat de l'égoïsme des sens , le principe des jouissances de l'esprit ou du cœur , et le sujet permanent de la curiosité avide et de l'attention intéressée à en découvrir tous les secrets et impatientes d'en épuiser toutes les épreuves. La Géométrie n'a pu donc par le charme ou la puissance de l'attrait, malgré le secours des lumières et des talens les plus recommandables, et, dans l'espèce d'isolement scolastique où sont reléguées par leur caractère grave et sévère les sciences abstraites , se dégager entièrement des imperfections que l'instinct du savoir , seul guide de son premier aspect dans le monde et d'absurdestraditions, ont transmises à la pratique ou routine du procédé et de l'acception primitive, au préjudice d'une théorie judicieuse encore enveloppée dans les voiles respectés de sa virginité et les derniers vestiges de la barbarie encore existante au milieu des fruits lents et difficiles de la civilisation. La raison elle-même en est une conséquence, parce que les abus, les préjugés et les erreurs les plus redoutables et les plus irrascibles, sont ceux qui ont, aux yeux de la majorité vulgaire, pour auxiliaires ou défenseurs profanes ou sacrés, tous les ambians ou investigations qui peuvent induire le cœur et suborner l'esprit dans le fanatisme philosophique, religieux ou scolastique, contre la vérité immatérielle et seule, dont le sens échappe métaphysiquement à l'action des sens seuls aussi toujours en jeu dans le commun des humains. On a déjà cependant reconnu et pressenti la Géométrie incomplète, dans l'évidence de ses anomalies constatées, et imparfaite dans sa marche suivie jusqu'alors : l'on a regardé une révolution géométrique, résultant de son incorrection finale, comme le besoin d'une réforme salutaire et inévitable ; mais, d'après l'ordre moral de la société, ajournée par les velléités éternelles des uns , le respect des autres pour les lois de l'habitude et de leur repos , et, grâce aux conséquences de ces deux motifs, par l'inconception jusqu'ici de la quadrature du cercle.

L'apparence ou l'hypothèse a pu sembler , dans les rapports spécieux , des proportions ou des grandeurs décrites , établir l'autorité d'une définition ou solution putative et garantir de même aux formes de certains procédés suivis et recommandés par toutes les illusions de la compétence , sinon une perfection rigoureuse , échappant sans cesse dans le vice intérieur et secret du mode enseigné et l'absence de la raison première , du moins une suffisance usuelle , dont le mérite et

le talent peuvent se prévaloir , mais non
l'orgueil ou la vanité se targuer , et qui ,
quels que soient ses défenseurs, n'en est
pas moins pour la science, comme l'om-
bre est à l'objet pour le sens visuel. Il n'y
aura jamais de véritable géométrie et de
mathématiques complètes tant que l'erreur et l'anomalie y trouveront un asile
dans l'hypotèse et l'aproximation réprou-
vées par la vérité et l'intégralité géométrique , et ces incorrections hétéromé-
triques existeront toujours tant que la
quadrature du cercle ne sera pas reconnue , reçue et établie par le corps en-
seignant, que le sacrifice qu'exigent des
faiblesses de l'amour-propre ou des ri-
gueurs de l'orgueil un aveu et une rétrac-
tation pénible et publique , peut seul re-
tenir à l'avenir dans le compromis d'un
silence désormais agravé de toute la res-
ponsabilité savante envers la société.

La Géométrie telle qu'elle est , n'est
qu'une suite d'opérations hypothétiques

relatives ou asservies à l'acception graphométrique reçue, à l'évidence apparente aperçue, et, en conséquence, su-
bordonnée à toutes les particularités des
localités graphiques de la configuration ,
comme à toutes les incertitudes et les
inconvéniens résultant de l'ignorance
encore toute entière du rapport de la
courbe à la droite , ou du volume et de
l'espace procédant de la verticalité et de
l'obliquité rationnelles, problême unique
de la Géométrie et régulateur universel
de ses propriétés métriques , qui ont essentiellement la droite et la courbe pour
antécédens et pour conséquent la quadrature du cercle évidemment et impé-
rativement le but et la fin imposés par la
théométrie divine à la science.

Avant que la découverte de la quadrature du cercle m'eût découvert , dans
ses conséquences sphérimétriques , le
secret de la vraie équimétrie ou carré fi-
nal , l'ancienne définition et solution des

triangles , ainsi qu'au monde savant borné lui-même jusque dans ses facultés intellectuelles aux limites sensuelles de la conception humaine, m'avaient paru , de même dans l'exiguité de mon faible entendement, justes et exactes, en conséquence légales , comme tout ce qui dans l'imperception instantannée du moment où les litiges de la tolérance jouit des priviléges ou licences du mensonge, sous les apparences de la vérité , tant qu'il n'est pas démontré faux et reconnu tel par l'opinion bénévole ou malévole désabusée , bien qu'il le fut hermétiquement. Mais la quadrature du cercle , comme cela devait être , a dévoilé avec sa révélation , la véritable quadrature du triangle lui-même et , avec elle , la triple erreur de l'ancienne trigonométrie ; 1° de la formation légale de son carré , 2° de l'inefficacité ou impropriété de l'application de l'axiôme trigonométrique, 3° de la fausseté de son ishmologie dans le carré de ses facteurs primitifs.

Il eût été bien plus avantageux, au lieu d'élaborer et d'épuiser l'esprit de la science dans une infinité accablante et fastidieuse de puérilités locales graphiques, de s'attacher avec le même zèle et la même profusion de talent et de sagacité à la fixation et à la définition du seul point urgent de connaître, dans lequel réside évidemment toute la Géométrie : le rapport métrique de l'oblique à la verticale, ou de la courbe à sa corde ou droite proportionnelle et placé, dans le cercle et le terme moyen de la verticale à l'horisontale à 45 degrés, où celui qui a conçu l'ordre théométrique de l'univers et présidé à son établissement, a placé le foyer de la science en même tems que le type ou talon des mesures ou grandeurs du volume ou de l'espace, individualisés ou divisés par ce point arbitraire de l'unité morale de la matière et de la polimatie divine. On eût acquis, ainsi par ce seul

fait, une connaissance exacte et certaine,
simple et facile de la composition géométrique des corps ou de l'étendue qui
ne sont qu'une amplification ou multiplication, dans le rapport immuable de
la cause à l'effet, des homologies et des
identités incréées, dont cette primor-
dialité métrique est le principe et l'arbitre universel.

Si la simple raison, la vérité pure suf-
fisaient seules dans le jugement humain,
à la conversion de la prévention, dans ses
extrèmes, le partage et le défaut familier,
des hommes même instruits, surtout depuis que l'instruction a cessé d'être morale, mon premier ouvrage eût suffi à
mon impétration et à l'aveu tacite et for-
mel de la vérité de ma découverte de la
quadrature du cercle ; mais il faut aujourd'hui au cepticisme même le plus
honorable de la confiance, endurcie par
les épreuves de ses torts et le matéria-
lisme né de la vénalité ou de l'ambition

des connaissances , la solidarité des preuves ostensibles et imposantes au triomphe de la raison , comme il faut pour simulacre à la foi matérielle de sens du vulgaire , l'appareil et l'éclat d'une vaine et profane représentation : j'y souscris.

SOLUTION

DU PROBLÈME GÉOMÉTRIQUE

DE LA QUADRATURE DU CERCLE

Premier Théorème.

Trouver et prouver géométriquement le carré
ou l'équimétrie légale des triangles rectilignes.

La théométrie attribue à la trigonométrie rectiligne, la solution du carré contenu dans le cercle
moins le cercle et le définit, à l'instar de tous les
triangles rectilignes, le produit mitoyen d'un
triangle dont le diamètre serait la base et la hauteur, ou le produit net d'un triangle dont le
diamètre serait la base et le rayon la hauteur.
Qu'ainsi en multipliant la hauteur, par la base ou
la base par la hauteur et prenant la moitié numérique du produit, ou que, multipliant la base par
la moitié de la hauteur ou la hauteur par la moitié
de la base, du produit net on aura la planimétrie
ou surface carrée du triangle (1).

---

(1) Cette multiplication n'a rien de compétent; elle
ne constitue que la multiplication de l'unité , mais

Qu'on suppose le diamètre du cercle de 48 mesures ou unités arbitraires et enconséquence le rayon 24. 48 × 48 = 2304 ou 48 × 24 = 1152. 2304, total du premier carré, est équimétrique, parce qu'il est le produit légal de 48 × 48, ses racines ou principes équimétriques; mais il n'en est pas de même de 1152, moitié numérique de 2304. Ce carré 1152, contre toute évidence tirée de son rapport dans le juste et le nombre de ses unités avec son carré double, n'a point de racine carrée, car elle ne serait qu'un nombre irrationnel qui constituerait une absurdité dans une équimétrie impossible; la définition ou la solution du triangle et l'emploi de l'axiome trigonométrique impropre sont donc faux, parce que le carré d'un triangle rectiligne devant être la moitié légale de son double carré, il est évidemment entier, je le répète, par sa rationnalité dans le nombre et le juste de ses unités métriques.

On va en trouver une preuve incontestable aussitôt acquise qu'apperçue, dans le parallélogramme AB, BCB, BA, ABA, figure simétrique (non carrée) de la quantité ou produit numérique de la multiplication des grandeurs linéaires 48

---

non le carré du volume ou de la surface : l'équimétrie atteint seule le but du carré des forces, ce qui prouve évidemment la nullité de cette multiplication numérique.

$\times$ 24. La surface du parallélorgamme est bien effectivement égale à celle du triangle ABA, BA, BA, puisque la moitié rectangle BCB, BA, AB, de ce triangle est homologue ou égale au rectangle AB, ABA, AB, ou moitié trigonométrique du parallélogramme, parce que la diagonale ou oblique AB est identique aux côtés ishomologues AB et BA du triangle, et la moitié AB de sa base ABA égale au côté AB du parallélogramme; donc les deux rectangles, formés par la diagonale ou oblique AB dans le parallélogramme, sont égaux aux deux moitiés rectangles du triangle BA, BA, ABA, par leur affinité AB $=$ BA et BCB $=$ ABA.

Maintenant, je vais prouver qu'on a erré en géométrie pour n'avoir pas fait une distinction exacte de la simétrie avec l'équimétrie dans laquelle existe essentiellement le carré legal des surfaces et des puissances mathématiques, tandis que dans la simétrie, il y a évidemment ineoïncidence numérique avec la surface carrée équimétrique.

Si par le rayon BC on coupe en deux carrés ishomologues ou parties égales le parallélogramme AB, BCB, BA, ABA, on aura les deux carrés 1° AB, BC, CB, BA, 2° BC, CB, BA, AB, qu'ensuite on coupe triangulairement ces deux carrés chacun par les diagonales ou obliques identiques (comme leurs carrés respectifs) AC ou **CA**, on trouvera 4 triangles homologues et équimétriques pour résultat et solution équimétrique ou carrée du parallélogramme **AB, BCB, BA , ABA**, ainsi que du triangle **BA, BA, ABA**; par conséquent il est facile de se convaincre de l'homologie de ces 4 triangles identiques; 1° **BA, BC, AC**; 2° **BA BC, AC**, 3° **BC, BA , AC**; 4° **BA, BC, AC**, avec les 4 triangles équimétriques 4, $=$**Cd, Cd, dd**, du carré interne 4 **dd**, puisqu'ils ont tous pour côtés homologues le rayon **BC**. En effet,

AC : $=$ **dd** :: **AB** ou **BC :** $=$ **dC** ou **Cd**, donc **BC, BA , AC** $=$ **Cd, Cd, dd**: de même pour les autres triangles. Ainsi donc, le carré interne 4 **dd**, est le carré de la surface du triangle **BA** (bis), **ABA** ou du parallélogramme **AB, BCB, BA , ABA**.

Or si, dans l'hipothèse du mode scolastique enseigné, on veut en tirer la racine carrée numérique ou linéaire, on ne trouvera aucune équimétrie comme aucune coïncidence géométrique , d'où il résulte que dans ce cas la quadrature du parallélogramme et celle du triangle est inexacte ou impossible; car 1152, quantité identique au triangle et au parallélogramme et produit soit disant carré de leur surface individuelle ou respective donnera $33 + {}^{33}\!/_{63} = {}^{11}\!/_{21}$ pour racine, nombre incommensurable ou absurde, en conséquence antimétrique dans le juste métrique; de même en prenant la base **ABA** et la moitié **BC**

de la hanfeur BCB, du parallélogramme ou analogiquement les côtés ABA-+-AB du parallélogramme, on trouvera dans le terme moyen ou
la moitié de leurs quantités ou grandeurs AB
-+-Be, pour racine ou côté du carré deleur quadrature : or, si l'on porte AC égal à dd, sur
AB -+- Be, on verra que AC = Af, d'où il s'en
suit fe pour différence entre ABf égal à dd et à
AB-+-fe terme moyen ou moitié des grandeurs
linéaires du triangle et du parallélogramme, grandeur ou quantité également antimétrique, de
même, puisqu'elle diffère de dd ou AC, quantité
ou grandeur géométriquement trouvée et prouvée,
celle des racines ou côtés du carré de la surface
du plein dans le cercle : la conversion de ces
racines ou grandeurs équimétriques en unités de
mesures radicales, va prouver de même que le
nombre 48 donné au diamètre, lui est arbitraire-
ment attribué par la science elle-même, dans les
divisions géométriques propres des grandeurs dans
le cercle et le carré. Cette réduction a lieu
comme on sait, par la différence finale restant de
l'équation linéaire de deux grandeurs égales dans
une autre grandeur. Je prendrai de préférence
la hauteur gc, divisée par le reste du rayon Bg ,
parce qu'étant elle-même une équation géométrique , la division me donnera simultanément
celle du rayon BC=AdC—Ad, et en conséquence
du diamètre lui-même. Or si l'on divise Cg par

(18)

Bg, on trouvera 2 Bg + hC; si l'on divise à son tour Bg par le reste hC, on trouvera 2 hC + iB, hC divisée par iB = 3 iB, iB est donc l'unité radicale résultant de la division légale de Bg et gC, dont elle est le diviseur commun.

gC = 2 Bg + hC; donc,

$$BC \begin{cases} = 3\,Bg + hC, \; Bg = 2\,hC + iB. \\ = 7\,hc + 3\,iB \quad hC = 3\,iB \\ = 21\,iB + 3\,iB = 24\,iB. \end{cases} \quad \begin{matrix} \text{donc le } \textit{rayon} = 24 \\ \text{le diamètre } 48, \text{ la} \\ \text{circonférence ou la} \\ \text{quadrature } 252. \\ \text{Rapport} : : 6 : 19 \\ \text{ou } 1/3 \text{ plus } 1/6 \end{matrix}$$

En effet on trouve numériquement pour facteurs 1° deux fois 2 = 4, 2° 2 fois 4 qui font 8, 3° 8 fois 3 qui font 24, pour quantité radicale du rayon et de 48 pour le diamètre : pour racine de la quadrature BCB ou ABA — Ad = 38 × 4 = 152. div. p. 48 = 1/3 + 1/6.

On trouvera de même la valeur de Cg ou gC qui égale 2 Bg + hC qui égalent 5 hC + 2 iB, qui égalent à leur tour 17 iB pour hauteur du triangle équimétrique Cd Cd, dd et 34, en conséquence pour sa base ou côté ou racine du carré interne (4) dd, égale à AdC, ce qui anallogiquement donnera 68 pour base du triangle isologue ABA, ABA, ACA, moitié trigonométrique du carré externe 4 ABA extra tengent au cercle. Alors, seulement alors l'application de l'axiôme trigonométrique peut avoir légalement lieu : 68 × 34 = 1156, 1° pour la surface carrée du triangle ABA, ABA, ACA; 2° du parallélogramme AB, BCB,

BA, ABA; 3° du carré 4 dd du plein dans le cercle 4 B, ce qui établit, pour différence de la première donnée de $48 \times 24 = 1152$, à la seconde $68 \times 34 = 1156$. une différence ou erreur de 4 unités, carré de la progression géométrique, ce qui prouve évidemment que la multiplication arbitraire de deux nombres ne constitue point une équimétrie ou quadrature, et en conséquence un carré, mais seulement une quantité numérique.

Corollaire.

Il est démontré par l'évidence, géométrique, la conséquence et la coïncidence d'une vérité frappante de théométrie et de calcul qui se produit d'elle-même à la conviction et s'y révèle, le résultat de la plus rigoureuse intégralité et d'une radicalité géométrique absolue, 1° que le carré des surfaces appartient à l'obliquité ou diagonalité rationnelle, puisque le diamètre est devenu la diagonale du carré (intra-tengent au cercle) du plein dans le cercle, et que la racine du carré interne 4 dd, intra tengent au cercle, est formée du rayon 24, plus la différence Ad (qui égale 10) du rayon à la diagonale AC ou CA, du carré 4 **ABA** extra-tengent au cercle 4 B ; 2° que l'ancienne définition trigonométrique est fausse, et 3° qu'en conséquence l'axiome trigonométrique est insuffisant et désormais inutile. Je laisse à l'esprit libre et dispos des commentateurs, à l'aide des réflexions

qui naissent de la solution, à faire les développe-
mens et les détails des amplifications, pour me
renfermer autant que possible dans le cadre obligé
de mon sujet.

Deuxième Théorème.

Trouver et prouver la quadrature du cercle par
la trigonométrie démontrée et prouvée, des surfaces hors du cercle analogiquement à celle contenue dans le cercle. (Fig, 2°.)

Le contenu dans le cercle ou plein du cercle,
moins le cercle est défini et prouvé trigonométrique, donc l'excédence carrée des grandeurs
hors du cercle est identiquement leur produit
trigonométrique aussi. Ainsi donc la quadrature
du cercle occupe, planimétriquement, dans le carré
4 ABA et, linéairement, sur le diamètre BCB ou
ABA, l'intermédiaire ou commun entre ces deux
proportions; ou la racine du carré de la quadrature sera le diamètre, moins la racine ou côté
du carré de l'excédence trigonométrique des grandeurs hors du cercle : cela une fois posé, bien
entendu et conçu, la solution est si facile qu'elle
en devient superflue.

La planimétrie du dedans du cercle a laissé
pour connu métrique des grandeurs hors du cercle
Bg, hauteur du segment dBd, dgd, et l'oblique
proportionnelle Ad, qui donnent en effet pour excédence carrée du carré intra-tengent au cercle 4 dd,

au carré extra-tengent au cercle (4) ABA, les carrés angulaires équidistans akd', d'ld, dl'd'', d''ka''. Ainsi il ne s'agit plus que de tirer de cette quantité ou de ce carré, la moitié trigonométrique et d'en trouver le carré à son tour. Il résulte des autorités géométriques des démonstrations prédédentes, que le triangle équidistant d'ka, d'ld, dkja est au carré équidistant ak'd', d'ld, dl'd'', d''k''a, comme le triangle ABA, ABA, ACA est au carré 4 ABA extra-tengent au cercle 4 B, de même pour l'oblique ajkd à l'oblique ACA. Il s'en suit donc évidemment, qu'en coupant la diagonale ajkd par l'oblique d''jd', la moitié d''j, ou aj égale à ak, sera la racine du carré de la différence trigonométrique du carré extra-tengent au cercle 4 B, au carré intra-tengent au même cercle, et qu'en-conséquence klh₁lk sera la racine ou côté du carré de la quadrature du cercle 4 B, trouvée et prouvée par les lois géométriques et la trigonométrie des grandeurs hors du cercle à l'instar de celles contenues dans le cercle.

Corollaire.

On remarquera 1° que Bg égal à d'd, est devenu la diagonale du carré ak', k'k, kk'', k''a, identiquement au diamètre BCB devenu dCd dans le carré 4 dd intra-tengent au cercle ; 2°, que dans la différence de son obliquité ak à sa verticalité d'd, elle a 3° pour résultat important et pour complément

(22)

de la quadrature du cercle sur le carré 4. dd,, le carrré kl,ld,dl'l'k, carré de la progression géométrique, essentiellement la condition des puissances dans le cercle; 4° la différence kl de la courbe à la droite, et par conséquent, 5° les lois du mouvement de la courbe, sur la droite décrit par l'oblique kd, entre les parallèles 'k'k, d'ld.

Curvilignométrie.

Troisième Théorème.

Trouver et prouver la quadrature du cercle par la théorie et la solution des courbes rationnelles et proportionnelles aux droites dans le cercle et hors du cercle. (Fig. 5°.)

Le cercle est formé d'une ou d'un nombre infini de courbes proportionnelles identiques homogènes ou similaires , dont la rationnalité existe évidemment préétablie ou innée dans le fait et le rapport métrique et relatif de la droite à la courbe ou de la courbe à la droite, dans leurs simultanéité ou spontanéité inséparable graphi et graphométrique. J'en tirerai de même un témoignage irréfutable de la vérité de la découverte de la quadrature du cercle, prouvée aussi victorieusement par la théorie des courbes dans la suite de l'ouvrage, qu'elle vient de l'être évidemment par celle des droites.

Le carré de la surface contenue dans le cercle, moins le cercle, étant connu et avéré 4 dd par

l'évidence géométrique, il ne reste plus qu'à prouver la quadrature du cercle par les courbes proportionnelles aux droites hors du cercle, qui, on
le conçoit comme on le sent, se trouvant dans le
rapport actif et passif des quantités connues, sera
une reproduction ou amplification des solutions
précédentes, comme étant, dans l'impassibilité des
conséquences théométriques, indivisibles, homogènes, identiques et homologues dans leur pres-
cription mathématique et géométrique.

Si l'on prend Ajkd (fig. 3ᵉ), semi-différence
oblique de la diagonale ACA du carré 4 ABA,
au diamètre BCB ou dCd, pour rayon ou facteur
d'une courbe proportionnelle et qu'on trace l'arc
ou quart de cercle mdm′, on aura pour corde
mkm′, et pour secteur ou triangle sphérique Am′,
Am, mdm′. Il s'ensuit que :

1° mk $=$ kja, kja $=$ Bg ou akd.

2° ajkd : mdm′ : : Bc (fig. 1ʳᵉ) : dBd, de même.

3° mkm′ : mdm′ dkja : : dd : dBd et BC.

Or, mkm′ est donc identiquement à dd, le côté
ou racine du carré contenu dans un cercle proportionnel qui aurait dkja pour rayon et bis pour
diamètre, différence unique du diamètre du cercle
4 B de la quadrature cherchée, à la diagonale
ACA du carré 4 ABA extra-tengent au cercle et
en conséquence la seule aussi planimétrique de ce
même carré 4 ABA à la quadrature du cercle ;
donc le triangle (fig. 3ᵉ) am , am′, mkm′: am, am′,

md m' : : Cd, Cd, dgd : Cd, Cd, dBd, pour surface ou plein du triangle sphérique. En effet,,
am, am', mkm' : = ak'd', d'ld, dl'd'', d''k''a : : kja,
km, md'k'a : = d'ld, d'k'a, dkja. Or, d'ld', d'ka,
d'l'd'' d''k''a est précisément le carré de la différence
carrée ou équimétrie du carré 4 ABA, extra-tengent au cercle 4 B au carré 4. dd intra-tengent au
même cercle, ce qui établit de nouveau évidemment la compétence du rapport de la courbe,
mdm' à la droite ajkd ; or, la moitié trigonométrique du triangle ak'd'm, ak''d''m', mkm':=kja, km,
md'k'a, ou kja, km', m'd''k''a : : k'd'm, k'k, mk=
k'a, k'k, kja : = k''a, k''k' kja ou = kk', k'd'm, km,
donc ak', k'k, kk'', k''a = kja, km, md'k'a ou kja,
km', ak''d''m', est donc la différence deABA,
au côté ou racine du carré de la quadrature
cherchée, trouvée et prouvée de nouveau. La racine
du carré de la quadrature sera donc encore ici
ABA ou BCB — k'a ou ak'' (bis) ou ak'd'm =
dkja. Donc enfin pour équimétrie finale le carré
angulaire équidistant aura ou sera pour côtés ou
racines ak', k'k, kk'', k''a, égaux à ja comme kja
à mk ou km', et dd à AC.

Ainsi donc le petit carré angulaire et équidistant kl, ld, dl', l'k de la quadrature trouvée, la
différence planimétrique de la puissance du carré
kk au carré 4 dd, intra-tengent au cercle et de la
courbe à la droite, est, comme je l'avais dit et prévu
le carré de la progression géométrique, démontrée

par toutes les autorités et les conséquences géométriques, entre les racines ou côtés ak'd', d'ld, dl'd'',
d''k''a et ak', k'k, kk'', k''a, en même tems que le
résultat métrique de la différence trigonométrique
de l'obliquité à la verticalité pour connaissance
acquise et avérée de toutes les quadratures, puisqu'il est le produit équimétrique de dkja — Bg'
Ainsi donc l'obliquité rationnelle de Bg (fig. 1ʳᵉ)
donne de même le carré de la différence équimétrique du diamètre au côté ou racine carrée de la
quadrature. Or, l'obliquité rationnelle de Bg égal
à kja (figure 2 et 3.) a donné ak', k'k, kk'', k''a,
carré angulaire et équidistant de la différence
équimétrique du carré 4 ABA à celui de la quadrature 4 kk trouvée et prouvée.

Corollaire.

Il est certain que si au rayon BC du cercle de
la quadrature cherchée, on ajoutait dkja pour faire
le rayon d'un cercle hipothétique, ce rayon serait
égal à AC, et, par conséquence de l'évidence géométrique, l'arc ou quart de cercle proportionnel, la
courbe dBd + mdm', dont la corde serait dgd +
mkm' égal à ABA ou BCB. Il est constant que
la quadrature ou le carré de la quadrature du
cercle 4 B positif cherchée, est renfermée dans le
carré interne ou intra-tengent 4 ABA du cercle
hipothétique et réside évidemment dans la différence carrée trigonométrique des carrés internes de

leurs différences de courbes. Ainsi, comme dBd + mdm′ — mdm′ reproduit le rayon hipothétique, cd + kja — kja reproduit le rayon positif Cd = BC, de même lecarré hipothétique de dd + mkm′, = ABA, moins la différence carrée du carré du triangle contenu dans la courbe mdm′, sera le carré de la quadrature cherchée. Or, il suffira de dire pour solution finale, sous l'autorité géométrique des solutions précédentes, entre cent homonimétries évidentes qui s'offrent à la conviction que dBd + mdm′ : Cd + dkja = CA : : dBd : BC. Ainsi dkja = dA : dBd + mdm′ et ABA : : Bg : dBd et dgd. Or Bg est la racine carrée du carré de la différence du carré du plein dans le cercle au carré 4 ABA extra-tengent au cercle, donc dkjA = dA, est de même équimétriquement la racine du carré total de la différence du carré 4 ABA au carré de la quadrature, puisque dkja = dA est comme Bg, la différence de la courbe dBd + mdm′, à sa corde ABA ou racine de carré intra dans lequel est contenu le carré ou quadrature du cercle, plus la différence kdja = dA laquelle, plus le rayon Cd = BC reproduit le rayon CA du cercle hipothétique 4 dBd + mdm dont les conséquences sont déduites. On reconnaît encore ici que la quadrature en général est dans la différence de l'obliquité à la verticalité, puisque BC : dC : : BC + Ad : AC; or Ad : ABA : : Bg : dd, ainsi donc dkja (= dA) — Bg (égal à kjd) = dk,

donc Bg est la différence verticale du carré 4 dd,
dans le cercle et kja la même différence oblique
hors de la quadrature dont le carré est k'a, ak",
k"k, kk'.

QUATRIÈME THÉORÈME.

Trouver et prouver la quadrature du cercle par
le contenu équimétrique ou carré dans un cercle
proportionnel à l'excédence diamétrique de la
verticalité du diamètre donné sur la racine ou
côté du carré intra-tengent au cercle de la quadrature cherchée. (Fig. 4ᵉ.)

Si l'on prend Bg, différence diamétrique du
côté ou racine du carré 4 dd. intra-tengent au cercle 4. B. au carré 4 ABA extra-tengent au même
cercle, pour diamètre d'un cercle 4. n. proportionnel à la différence di'd" ou dld', égale à Bg, on
aura pour, contenu dans ce cercle, op, pq, qr, ro,
$=$k"a, ak', k'k, kk", puisque ao $=$kq, de même,
aj ou jkd $=$ op ou pq : : Ac $=$ dd (fig. 1ʳᵉ) : or,
comme le carré 4 dd est le produit rationnel du
cercle 4 B, le carré op, pq, qr, ro, est le produit
rationnel carré de la courbe proportionnelle du
rayon oj ou du diamétre ojq égal à Bg. Bg : op, pq,
qr, ro $=$ak', k'k, kk', k"a : : BCB : 4 dd ou : : 4 n
: 4 B.

CINQUIÈME THÉORÈME.

Trouver et prouver la quadrature du cercle par
la différence trigonométrique de la surface de deux

demi-segmens rationnels et homologues à la même courbe. (Fig. 5ᵉ.)

De même les conséquences étant permanentes en mathématiques, le résultat est le même dans le même principe.

Si du demi-segment gsxd, gB, dB, on tire du point t au point B, la ligne Bzst, on aura pour second demi-segment tszB, td, Bd, lequel est rationnel et homologue au 1er, puisque gB, gsxd : à la courbe Bd : : td, tszB : à la même courbe Bd; et pour triangle sphérique commun aux segmens szB, sxd, Bd, pour triangle ishomologues et différences trigonométriques des deux segmens au triangle sphérique; 1° gB, gs, szB, 2° td, ts, dxs ; dt = Bg, donc ts, dxs : dt : : gs, szB : Bg, donc td, ts, dxs = gB, gs, Bzs, de même tx = gz. Or Bg = d″d, donc gs = dd′, de même, dkja = Bzs ou sxd. Ainsi gz ou tx = dkj ou ja or , gz ou tx : gs, gB, Bzs ; ts, td, dxs : : AC : dd et dkj ou aj : ak′, ak″, k″k, kk′, différence carrée reproduite du carré 4 ABA a celui de la quadrature cherchée trouvée et prouvée.

Corollaire.

L'évidence géométrique le démontre, chacun de ces deux triangles est dans son individualité la différence trigonométrique de la surface proportionnelle à la différence de la position respective et opposée des deux triangles dans un espace donnée. En effet, cet espace est occupé par l'un des deux demi-segmens, plus le triangle différentiel de l'autre.; il s'en suit donc, par une conséquence naturelle, que la courbe étant homologue ou identique aux deux demi segmens, et étant immobile, le résultat de cette différence se trouve dans la mobilité des droites, comme si l'immobilité était dans les droites, la mobilité serait dans la courbe, et donnerait le même résultat dans le rapport exact de l'intégralité de la cause à l'effet. En effet, en supposant inconnue la corde BtszB homologues aux deux segmens et proportionnelle au rayon dtvC. La force morale du raisonnement ou de l'évidence des choses, démontre convictionnellement que la courbure de BdB $=$ à dBd étant proportionnellement équimétrique au triangle CB, CB, BtszB, ou Cd,Cd, dxsgd dans le triangle CA,CA, ABA, dont elle est simultanément une conséquence géométrique; de même il est de toute vérité que la différence de la courbe à la droite est, par les mêmes conséquences, dans la différence équimétrique du carré de la différence trigonométrique des deux triangles parallèles CA, CA, ABA —, CB, CB, BtszB, puisque si, physiquement comme moralement, ou matériellement, comme par la pensée, la courbe dBd $=$ BdB supposée inconnue se redressait sur ABA, ainsi que sa corde BtszB $=$ dxsgd, comme un arc détendu, il est plus qu'évident et certain que la différence linéaire de la courbe dBd redressée à la droite ABA, se retrou-

vera dans l'équimétrie de la surface trigonométrique des différences Bg $=$ Ad' ou Ad'' de la
courbe BdB à la droite ABA dans la surface du
triangle CA, CA, ABA ; effectivement il est matériellement sensible que dd et dBd en s'identifiant
à ABA, Cg, deviendra Bu, Bg deviendra Cu, de
même, Cd (bis) en s'identifiant à CA, deviendra
Av ou vA (bis), et Ad (bis) vC ou Cv. Or, le
triangle cv, cv, vuv, est donc dans la surface du
triangle CA, CA, ABA, sa différence trigonométrique au triangle Cd, Cd, dxsgd, puisque dans
l'ordre trigonométrique légal, le secret de la différence de la courbe à sa corde, se manifeste évidemment dans celle du triangle cv, cv, vuv, au
triangle CA, CA ABA du volume ou surface
donnés ou prescrits.

En effet, le secret de la quadrature comme celui de la solution, appartient exclusivement et en
dernière analyse aux propriétés différentielles des
lignes dans l'espace et l'espèce coordonnées et proportionnelles entre elles, c'est à dire, dans la différence de l'obliquité rationnelle à la verticalité
rationnelle, par cette vérité incontestable de proportion qui, identifiant le plus au moins dans
l'espace et l'espèce, ne laisse plus de différence
dans l'espace et l'espèce, sous la raison équimétrique de la trigonométrie des différencielles prou-
vées, comme $68 : 48 :: 48 : 34 :: 34 : 24 :: 14 :$
$10 :: 10 : 7 :: 7 : 5 :: 3 : 2.$

SIXIÈME ET DERNIER THÉORÈME.

Trouver et prouver la quadrature du cercle par le plein circulaire d'un cercle et du carré proportionnel intra-tengent à ce cercle.

Les conséquences étant les mêmes, cette solution sera une preuve parlante et matérielle reproduite de toutes les précédentes réunies dans la figure générale du problême posé.

On sent, comme on le voit dans cette figure (1re), qu'il suffit de déterminer une surface circulaire au cercle pour trouver dans le vide, entre la surface ou plein circulaire de ce cercle et celui du plein ou surface du carré intra tengent à ce cercle la différence de la courbe à la droite, puisque cette différence a été démontrée et prouvée jusqu'à satiété, comme elle est effectivement, dans le vide de l'arc à la droite proportionnelle, la nécessité de la courbure de la curviligne sur la droite.

Il s'ensuit donc que si l'on prend gCg $=$ dd pour le diamètre du cercle hipothétique 4, tgt, il s'ensuit que 4 dd : 4 tgt : : 4 ABA : 4 dBd, de même donc dgd, dgsxd, dtvctd : 4tt :: ABA, ABA, ACA : 4 dd. Ainsi, dtvC : $=$ tt : : AdtvC : $=$ dd. Or, Bg, hauteur du segment de la différence du carré dd du plein dans le cercle 4 dBd, et g3 étant la hauteur du segment de la même différence proportionnelle du carré intra 4 t5t au cercle 4 tgt. Si on prend cette différence de hauteur de ces segmens proportionnels, il est évident que le carré de la quadrature se trouvera dans la hauteur de leur différence, puisque cette différence même est celle de leur proportion conditionnelle. Ainsi donc, Bg —g3=B 2 ou (2)i =kl ou ld; or, Bg=kja, g 3 =ja ; or kja = d'k'a , ja = ka : pour différence finale et constamment trouvée du carré 4. ABA et extra-tengent au cercle 4. B. à la quadrature 4. kk. trouvée par toutes les solutions du problême, tirées également des droites et des courbes , et prouve mathématiquement comme ostensiblement, la solution du problême simplifiée par la connaissance acquise, de l'obliquité à la verticalité rationnelle, principe évidemment démontré commun, comme il l'est essentiellement, à l'équimétrie et à la sphérimétrie. Il s'ensuit évidemment et géométriquement de tout ce qui a été démontré et de la difficulté reconnue vaincue, que la solution du problême a pour condition métrique avérée la différence métrique de la verticalité à l'obliquité rationnelles pour facteurs de la quadrature du cercle, cherchée, trouvée, démontrée et prouvée définitivement et matériellement 1° daus la hauteur Bg *bis* du cercle 4. B. au cercle proportionnel 4 tgt; 2° la hauteur g 3. du vide du cercle 4. tgt au carré interne 4. t3t, et 3° la hauteur du carré 4. t3t dèterminées sur le diamètre, lequel sera pour la quadrature avérée BCB—g 3 *bis,* ou Bg *bis*+t3t=kk. Grandeur trouvée par toutes les solutions précédentes et dans mon premier ouvrage, et établissant irrévocablement le rapport du diamètre à la circonférence, comme 6 sont à 19.

SECONDE INSTANCE,

FAISANT SUITE A LA DÉCOUVERTE DE

LA QUADRATURE DU CERCLE,

Faite par Ruthiger,

Et annoncée par lui à l'Académie des Sciences, à l'Institut de France, dans la séance du 23 Décembre 1816 ;

Adressée, sur le défaut de cinq ans de silence académique,

AU TRIBUNAL DE L'OPINION PUBLIQUE ;

PAR LE MÊME.

> La science n'est qu'un mot, si le bon sens ne la guide.

1821.

POLÉMIQUE.

DANS les deux lettres supplétives de mon dernier ouvrage sur la quadrature du cercle, et dans lesquelles je complétais ma découverte de considérations et de preuves mathémathiques plus que suffisantes à l'initiation du savant judicieux pour le conduire, par les conséquences géométriques, à l'acquisition plausibles des preuves légales de la véracité de ma solution et à la conviction intime et plénière de la vérité de ma découverte, j'ai signifié à mes juges, ou plutôt ma partie, que je poursuivrais la reconnaissance publique et légitime de ma propriété par tous les moyens permis par le droit public et commun, et par tous les motifs qui m'en font un devoir aussi sacré qu'un honneur.

Si mon aspect inopiné et profane, je l'avoue, dans l'arène scientifique, loin d'être dépouvu de ce que dans un siècle, on nomme ordinairement recommandations, eût étayé l'annonce de ma découverte de l'empirisme, ou talisman infaillible des titres ou des décorations, je n'aurais pas à réclamer contre une méconnaissance ou litige que je laisse au tems à juger; l'intérêt ou l'instinct qui détermine dans le commun des hommes et de leurs institutions même, les hauteurs arrogantes

de l'orgueil , ou les rampantes bassesses de la
flatterie , m'eussent prévenu de toutes les facilités
de la confiance et de la faveur prodiguées aux
vœux du pouvoir et de la fortune ; mais le moyen
de mériter , je ne dis pas quelque bienveillance ,
mes prétentions ne vont pas jusque-là , dans la
persuasion où m'a mis l'expérience et l'esprit du
tems , mais quelqu'attention, d'avoir même le sens
commun sans avoir préalablement pris ou obtenu ,
comme on le sait , ses inscriptions de docteur ,
et été proclamé tel de l'autorité d'un journaliste ,
par ses argus ou limiers folliculistes à l'affût de
toutes les flagorneries qui font le calcul de ses
turpitudes et le casuel de ses invariables plati-
tudes.

C'est au public impartial, au lecteur, par l'é-
galité morale et l'indépendance de la raison ,
libre du joug des considérations locales , sans es-
clavage dans ses obligations , comme sans privilége dans ses actions qui , juré irrécusable de la
société , est revêtu de la justice distributive du
monde civilisé , que je soumets en dernier res-
sort une cause aussi importante que juste , malgré
tout ce qu'en pourrait dire Aristote et sa docte
cabale.

Depuis long-tems , je sacrifiais mes loisirs ,
chaque homme à sa chimère, à la recherche de
la quadrature du cercle, après avoir moralement
acquis de l'examen scrutateur des rapports géo-

métriques présumés ou aperçus dans le cercle et son carré , la conviction confidentielle , non-seulement de la possibilité de la quadrature du cercle , mais de sa réalité évidemment, comme essentiellement préétablie ou innée dans le principe, la nature ou les propriétés de la science même.

Mon travail, établi dans l'historique de ma découverte, et borné à la force morale du raisonnement simplement accompagnée d'indications suffisantes à la confiance, mesurées par la discrétion, et religieux observateur de l'ordre hiérarchique , je m'adressai à l'Académie des sciences à l'Institut , par une supplique naïve trop pleine de ma conviction , sans doute , aux yeux de messieurs les académiciens , révoltés de la témérité de la tentative et contradictoirement, c'est dire hostillement prévenus, par l'impuissance du passé, de l'inutilité de l'entreprise, ce qui équivaut , pour ces messieurs, à une criminalité ; en conséquence , ma supplique fut prise pour un excès d'audace ou de faiblesse, un abus de la présomption, ou le fruit malheureux d'une imagination aliénée : le lecteur verra si je déraisonne et si ma présomption était coupable, parce que le sentiment de l'initiative et de ma conviction , forcé par le préjugé enraciné d'une opposition superbe et despotique , m'y faisait , par le défaut ou la conséquence de ma position mieux sentie et jugée, une obligation impérieuse de confier au langage malheureux de la prédilection, de plus coupable pour moi, dans la conjoncture, la légitimité de ma proposition, frappée d'un côté de tout le désavantage ou du malheur de la proscription , forte de toutes les conséquences de l'opinion académique et de l'autre privée des alentours qui pouvaient seul maîtriser l'explosion ou la violence naturelle de l'amour-propre blessé.

Ainsi, j'eus la douleur et la mésatisfaction de voir l'Académie et l'Institut même , non seulement inaccessible à mon audition, contre cet axiôme encore plus judicieux que judiciaire *qu'il ne faut pas condamner sans entendre,* mais encore me refuser la simple faveur de soumettre, en dépôt dans un coin isolé de sa bibliothèque , le dessin ou figure géométrique de ma solution, offerte, abandonnée à l'examen bénévol ou critique des savans dont elle sollicitait et défiait les épreuves : ma supplique fut ainsi au moins étouffée sous les clameurs tant soit peu barbares en ce moment de l'aréopage académique scandalisé de l'assurance et du langage de ma foi (1).

Dans la perplexité où me jettaient un refus et une violence, que je voudrais moins dissimuler que dérober à la réprobation de la postérité, ainsi

______

(1) J'affirmais : que devais-je dire ? devais-je m'exposer au refus certain d'entendre des essais ? ma requête ne fut pas achevée : cela ne m'a pas surpris , mais seulement indigné.

qu'à la vindicte de mes contemporains , incessam-
ment appelés juges de témoins qu'ils sont dans
cette cause , je pris le parti désespéré , à défaut
de toute audition ou exposition décemment pos-
sibles dans une capitale citée le foyer de la civilisation , et où la munificence sociale a tout fait
cependant pour le libéralisme des sciences ; mais
où , par un sens contraire , une bizarrerie natio-
nale , une conséquence de tous les extrêmes , l'a-
ristocratie et le privilége , travestis sous les décorations honorifiques ou les gradations savantes ,
semblent se jouer du vœu philosophique et gou-
verner par l'usurpation la république des lettres
et des sciences , d'avoir recours à la voie de l'impression , ct je publiai ma découverte de la quadrature du cercle , dont je fis à l'Académie, dans
sa séance du mardi 23 décembre 1816 , comme
par une juste obstination de confiance dans ma
cause et de ma déférence respectueuse , une hum-
ble adresse à défaut de la faveur d'une dédicace
honorable par le fait , mais ajournée par l'incon-
sidération (1).

---

(1) Il serait bien à désirer , pour l'honneur du siècle ,
que le gouvernement, ou à son refus maintenu, quelques
riches particuliers avisassent un moyen de mettre un frein
aux désordres littéraires, en ouvrant aux victimes pré-
sentes et à venir des coteries dramatiques et autres , au
moyen d'une souscription , un appui protecteur et géné-

La lecture , la réflexion et le dictamen devant , dans le calme et le silence du cabinet , dé-
pouiller l'homme de la morgue scholastique ou de
l'esprit insidieux , je dirais presque séditieux de
corps, si infructueusement encore à ce qu'il paraît,
par la labileté de caractère des savans mêmes ,
fatal au libre cours des lumières et de leurs conséquences, j'attendais pour résultat d'un examen
judicieux et pour fruit de ma soumission respectueuse , ainsi que des grands sacrifices faits à l'exi-
geance d'un travail long et pénible et aussi absor-
bant que recommandable, un témoignage écla-
tant et véridique de l'exactitude de ma solution
et de la notoriété publique d'une découverte aussi
glorieuse pour mon pays , qu'importante et pré-
cieuse pour la société entière ; vaine attente de
l'initiative et d'une estime prédilective de l'homme ;
un silence injurieux à l'esprit humain , dans l'a-
théisme ou l'incrédulité de mes juges , a rempli
seul , sous les apparences de la pitié du dédain ,
qui sait du mépris peut-être , les savans ont
maintenant aussi les airs et les hauteurs de leur
importance , sinon de l'insouciance ou de l'imperception, un espace de cinq ans, laissé par ma ré-
signation et ma confiance à la maturité du suf-

---

reux contre les abus de la compétence du jour , qui a
fait du parnasse une fabrique , et des muses des filles de
magasin.

frage comme à la foi publique de nos modernes Sigalions , pour me rendre justice.

C'est dans cette triste épreuve de l'aveuglement, ou de l'orgueil, de la générosité ou de l'imprévoyance humaine , que dégoûté jusqu'au possible d'essais aussi malheureux que louables , aussi judicieux que méconnus , et de mendier aux hommes en particulier , comme aux autorités en général (1) , la grâce de leur être utile , que j'ai tourné mes regards," attristés de l'incorrection administrative, vers le tribunal de l'opinion publique, comme vers la seule ressource qui me restât dans cet ingrat et complet abandon du secours paternel de la puissance et de l'intérêt fraternel de l'homme, et que laissait encore au stoïcisme de mon dévoûment , la fatalité constante qui s'attache à l'exercice ou aux désirs malencontreux de l'amour du bien public abandonné par les déviations multipliées et sourdes de la raison et du jugement ,

---

(1) Je me suis inutilement adressé à deux ministres ainsi qu'à l'Institut ; l'un ne me répondit pas, et l'autre, par un de ses commis , me fit dire qu'il ne pouvait rien.... sur l'Institut , et je ne pas que moyennant un abonnement à l'Athénée royal , obtenir que mon dessin y serait placé : où le fut-il ? Au cabinet des dames , c'est-à-dire comme les lares des anciens, dans l'endroit le plus caché du lieu et, de l'aveu d'un athéniste académicien , pour ne pas offenser l'Académie !...

corrompus par la décadence , à la discrétion de l'iniquité ou de l'intrigue constituées.

Je ne demande que d'être entendu pour être compris , et je suis sûr de mon triomphe ; je l'obtiendrai de preuves aussi irréfutables qu'accablantes pour ceux que le sentiment de leur infaillibilité, trop légèrement, comme trop éminemment admis , ne permet pas de rien ignorer sur l'impossibilité de la quadrature du cercle, excepté la très-possible possibilité de leur incomplexion quotidienne et la faillibilité de leur perfection physique et morale , ces preuves seront les rapports ou les témoignages irrécusables des propriétés géométriques tirées de l'essence même de la science justifiée ; et cette fois, plus conséquent que judicieux , j'appuierai, puisqu'il le faut absolument , ma démonstration de l'appareil typographique, pour ôter à la chicane ou à la paresse intéressée de la malignité , tout prétexte de fin de non recevoir, dans l'absence matérielle des formalités scientiques , moyen que ma discrétion avait cru d'abord négliger, tant j'étais loin d'en supposer le besoin ou la feinte à nos linx savans , comme on le dit des points sur les *i*, de leur mettre des *i* sur des points. En effet, cet attirail , que le vulgaire des géomètres peut revendiquer en démonstration rigoureuse , mais en bonne logique méséante dans la conjoncture primitive , inutile d'ailleurs aux yeux exercés et clairvoyans , est embarrassante et diffuse , par la multiplicité des caractères typographiques pour les lecteurs , même instruits , plus disposés aux impressions du tact de l'esprit qu'aux détails fatigans de l'impression. Ces considérations sont indépendantes des signes purement fictifs ou auxiliaires; le raisonnement seul est tout ; il embrasse homonimiquement toutes les conséquences , le reste est de convention et le langage ostencieux des adeptes. Mais un rang sans éclat , un talent sans appareil , sont les puérilités de nos jours ; il faut du charlatanisme en tout à la vénération corporale à laquelle cet empirisme impose sa grandeur aux yeux du vulgaire.

Cependant le fait est tout pour l'homme de sens , la langue ou le procédé n'y font rien , et ce cosmopolisme endémique à la raison , comme il devait l'être à la science , comporte en lui-même toute la rigueur théométrique de la démonstration ; mais la raison spéciale , chez le commun des hommes , le fruit lent et tardif de la puissance des choses , chez les savans s'évanouit ou rests ensevelies sous les stériles velléités des gradations scientifiques, reproduites de tous les précédens, esclaves fanatiques et respectueux de la méthode sous la dénomination despotique de l'opinion ou l'usage établis.

En vain le tems et des essais aussi infructueux que multipliés de folles tentatives de la solution de la quadrature du cercle avertissaient ou devaient avertir les savans, non de l'impossible impossibilité de cette quadrature, mais seulement de l'impropriété ou de l'impuissance du procédé suivi, par l'inefficacité des résultats constamment privés du cachet de la rectitude métrique exigible, rien n'a pu les tirer d'une malheureuse et servile conformité d'obéissance au préjugé établi ; un culte idolâtre du mode divinisé sur la foi de ses vertus apparentes, bornées néanmoins honteusement à la suffisance usuelle, leur montrant le doute comme un sacrilége, leur interdit avec la réflexion, l'idée même d'un point hermétique échappé à leurs perspicacité : tous vous répondent univoquement : «La quadrature est impossible, la figure la plus éminemment la plus frappante des similitudes et des homologies géométriques sous les yeux, et en conséquence la plus forte des garanties à la conviction de la solution. »

Il ne faut sans doute pas nécessairement avoir ni la hauteur, ni la profondeur des connaissances académiques, mais seulement le sens commun, bien supérieur à ce qu'on nomme aujourd'hui par corruption dialectique ou l'abus du langage des abus, improprement et communément mérite, pour reconnaître que tout essai ou solution tirés du procédé scolastique en faveur, relatif au fait géométrique posé jusqu'ici, ne donnera aucun résultat satisfaisant du cercle à sa quadrature,

parce que dans l'état de la question (1) , l'expression , ou l'impropriété du faire ne peuvent que
mener à l'absurde ou l'irrationnel dans ses coré-
lations métriques , subordonnées à l'empire de
l'erreur de la conception originelle par les conséquences mêmes , et forcer , non la science en défaut , mais l'instruction ou le talent impuissans à
l'hypothèse injurieuse de l'impossibilité de la quadrature du cercle , assertion ou hérésie incontes-
tablement un blasphême pour le scoliste , et un
sanglant outrage fait par lui à la raison , ainsi qu'à
la science elle-même indignement calomniée.

––––––––––––––––––––

(1) Un savant anonyme , dans le Journal du Commerce,
du vendredi 10 août , après avoir assez maladroitement
insinué que des savans français et anglais , etc. , s'étaient
réunis pour s'entendre sur leurs procédés réciproques en
trigonométrie appliquée à la géographie et l'astronomie,
sciences encore en litiges pour raison , apparamment,
disait que c'était des choses utiles à la société , bien plus
que la quadrature du cercle, dont ceux qui s'en occupent
ne connaissent pas l'état de la question. En attendant que
ce sphynx savant trouve son Œdipe , je lui demanderai
dans l'état familier où il est de la question , quel est le
rapport du diamètre à la circonférence ; il me répondra
hypothétiquement , tant que son savoir pourra s'étendre,
: : 7 : 22. Je lui répondrai avec tout le respect dû à son
importance, que c'est faux, et le lui prouverai géométriquement Je passe à un savant d'affecter le faste de son état,
mais pour le rendre supportable, il lui faudrait ce qui lui
manque : la conséquence de l'épigraphe.

En effet, n'est-ce pas le comble de la folie ou
de la divagation la plus étrange, comme la plus
inconcevable d'apporter à la solution d'un problême dont l'objet ou la nature exige impérative-
ment et porte essentiellement en lui-même l'unité
radicale de toutes ses divisions, dans l'intégralité
de la cause à l'effet, et l'autorité de toutes les
conséquences mathématiques, une série pitoyable
de déclinations approximatives où l'ironie peut
trouver un compte fait ou une satire de leurs par-
tisans, dans les infinimens petits de la fraction.
Cette solution putative bornée aux dégradations
misérables de l'unité solutive, ou de la raison
géométrique éludées et tronquées par l'école, an-
tichée de son principe, ne prouve, même dans
l'acception la plus avantageuse, que la nullité et
la fausseté de leur autorité usuelle, constamment
démentie dans les épreuves obligées de la reproduction ou de l'exercice, toujours incomplètes
ou fautives des omissions d'une vaine théorie,
dont le vice et l'illégalité sont dans l'imperfection
native du procédé. Il ne s'agit pas ici, pour jus-
tifier la science de la honte qu'elle reçoit des
avortons bâtards de l'approximation, du suffrage
humiliant de la suffisance usuelle, la gloire, l'honneur et l'intégralité de la perfection n'en admet-
tent pas : il faut le juste, l'exact, c'est ce que
j'ai trouvé, ce que j'ai prouvé, et ce que je prouverai, malgré les argumens captieux et subtils de

l'opposition, l'incurie et les arguties insidieuses du fatiste folliculaire.

Que les hautes puissances académiques, les autorités savantes, l'aristocratie scientifique enfin, se dépouillent de bonne grâce de l'aveugle entêtement et de l'opiniâtre surdité de la prévention et, daignant un moment descendre de leur élévation polimatique, aient la complaisance ou prennent la peine, dans leur intérêt propre seulement, de faire les honneurs ou l'application à la figure parénétiquement géométrique, que j'ai l'honneur et la témérité de leur soumettre, des raisonnemens et des épreuves légales de la scinthétique et de l'analitique, il est indubitable, dans la diathèse essentiellement géométrique de l'opération, que ces deux vérificateurs et témoins de la solubilité, démentant par l'évidence des résultats métriques les inductions erronnées de leurs précédens, leur offrira académiquement possible la quadrature du cercle, enfin trouvée, éclatante de vérité et de gloire, et vengée d'un strabisme injurieux au talent qui ne pourrait plus la nier où la méconnaître que par le défaut ou plutôt le vice de la dissimulation, bientôt trahi et reconnu dans l'intention de la plus indigne mauvaise foi.

Qu'on ait très-judicieusement, ou du moins probablement, mis au rang des choses impossibles le mouvement perpétuel et la pierre philosophale, cela se conçoit naturellement, ou du moins sensiblement dans l'impuissance où la création a borné l'organisation physique et morale de l'homme, de trouver dans le pouvoir restreint de ses facultés le secret du principe vital, moralement inconnu en lui-même, et par conséquent le premier moteur, ainsi que celui de la production métallique, création dont la suprématie surnaturelle est essentiellement une des prérogatives inhérentes à la divinité, et interterdite dans l'ordre théogonique innée, au pouvoir humain invinciblement limité, comme indissolublement lié à l'exploration et à l'exploitation secondaire des œuvres de la création. On le sent, on l'éprouve, tout est ici dans ou le créateur lui-même, mais que, par un travers d'esprit et de jugement désavoué par une saine logique, on donne pour troisième à ces deux impossibilités la quadrature du cercle, et que, par une suite naturelle, une série croissante d'inconséquences, ce qui s'appelle gens instruits ou d'esprit, sur la foi aveugle d'une opinion équivoque, d'une raison courante, d'une niaiserie conditionnée, d'une épidémie idéologique, avec la fatuité de la suffisance ou la privauté, savante se fassent l'écho irréfléchi du dogme scolastique, et que, pour mettre le comble au ridicule comme aux misères humaines, dans l'indiscrétion, l'absurdité et l'impertinence, une feuille, la voix gastroventrilométrique de la cabale intéressée au respect ainsi qu'à la perpé-

tuité de l'erreur ou des abus reçus , ose avancer ,
avec cette légèreté de métier qui la distingue
journalièrement , 1° « que la quadrature du
cercle est inutile, que la géométrie , telle qu'elle
est, c'est-à-dire, une suite d'opérations hypothétiques privées , dans leur principe, de leur pierre
de touche ou preuve capitale , a suffi jusqu'alors
et , comme de raison pour le repos, l'honneur
et la gloire du monde savant doit suffire à jamais ;
2° qu'une plus grande précision n'est pas néces-
saire , abstraction faite apparemment des inconvéniens tant soit peu fâcheux de l'incomplexion
finale ; 3° et, on ne le croirait si on ne l'avait
lu , si cette feuille n'était authentiquement
écrouée dans l'opinion publique , pour la facilité
de ses abérations et sa luxure démago-polémique ,
que le carré de l'hypoténuse est bien plus important , conclusion digne de l'exorde , que la quadrature du cercle , nonobstant l'imperfection radicale ainsi dissimulée par une aussi juste application de cet axiôme, aussi familier que commode
à cet officieux journal, que le mieux est l'ennemi
du bien; il permettra d'en épargner une application sacrilége à la science pour lui en laisser toute
l'acception et les priviléges. »

Pourquoi ces insinuations perfides , aussi fu-
nestes qu'ignobles pour le talent lui-même (1) ?

____

(1) On sait à quels excès de corruption la politique po-
pulaire des partis et l'animosité ont porté certains journaux

(5o)

Pourquoi ces déconsidérations insidieuses et an-
ticipées, dont l'arrogance et les aspérités annon-
cent les alarmes ou les faiblesses de la pusillani-
mité , et les lâches terreurs d'une jalousie ombra-
geuse ? Pourquoi ces agressions au moins gratuites
d'un rigorisme antilibéral , dont les exhalaisons
imprégnées du poison de l'envie et de la malignité s'identifient aux clameurs des coteries ,
oligarchicopolémiques, emphatiquement intitulées
libérales , mais reconnues par l'évidence expéri-
mentalement despotiques , où, comme partout
où le privilége établissent leur empire sur le som-
meil , ou l'oubli des vertus et des convenances
morales , et l'absence en conséquence des élémens
généreux d'un beau siècle, la bassesse intrigante
et le cinisme de l'audace , grossièrement travestis
sous les livrées et les dehors usurpés du véritable
mérite , méconnu et sacrifié , constituent les
combinaisons faméliques de l'égoïsme aspirant ou
satisfait.

Pourquoi vouloir ainsi par la violence et la con-
tradiction la plus choquante, comme la plus im-
pardonnable, inféoder le génie et limiter exclusivement les prérogatives de ses conceptions , à la

et écrivains, sous l'influence de la puissance et de la cabale.
Pourquoi faut-il qu'on rencontre encore quelque trace in-
fecte de cette infamie dans la partialité ou les méséances de
certaine feuille, précisément celle qui affecte le plus la
doctrine de la modération : c'est que le monde se gouverne
par des contraires.

caste itrée savante? Pourquoi ne croire régulière‑
ment digne absolument de foi, de confiance et de
respect, que la patavinité scolastique, au préju‑
dice, comme au mépris des lois et des intérêts de
la raison impartiale, pour ménager aux métis nés
de l'union forcée du travail et de l'étude, mal
assortis, la possession de l'héritage légitimement
échu à ses enfans naturels, ainsi iniquement
déshérités par un oubli criminel envers tous les
humains de la règle des exceptions ?

Si l'incapacité apparente ou effective, trop in‑
considérément jugée et plus encore indécemment
attaquée, ou plutôt insultée (1) par la critique
dégénérée, dans le cours de l'anarchie sociale, en
licence polémique et passée par la dégradation et
le motif des passions les plus honteuses et les plus
basses, du scandale à l'outrage, de la médisance
à la calomnie, cachés sous l'atticisme ou l'acer‑
bité du savant, la fatuité de l'érudit et la jactance
folliculaire émancipés par la dépravation, était
réellement digne du sceau réprobateur ou du
tranchant d'une aveugle exclusion, ainsi que l'ont
trop légèrement manifesté de doctes tartuffes,
plus pénétrés dans leur culte hypocrite, du privi‑

____

(1) Le Journal des Savans, en 1816, contenait un ar‑
ticle où un.... professeur génevois, soi‑disant, se per‑
mettait de traiter d'ânes savans, tourmentés par la canicule,
tous ceux qui recherchaient la quadrature du cercle ; il ne
songeait sans doute pas alors aux chances de l'antithèse.

lége de leur propre estime que de la grandeur ou de la vénération de la science elle-même, ce serait accorder, sur les facultés intellectuelles, au labeur obstiné de l'apprentissage, les conceptions du génie, immolé aux élucubrations du cerveau et circonscrire le libre arbitre du sort, le caprice de la fortune, les priviléges de la nature et les libéralités de la providence aux bornes matérielles des localités scolastiques ; enfin, soumettre aux règles mécaniques du métier les lois impénétrables et le don inaliénable de la vocation. Personne, je le confesse franchement, n'aurait moins que moi, non seulement le droit de prétendre à la hauteur de ma thèse, mais le droit de parler sur quoi que ce soit, j'aurais du moins le mérite d'un silence politique ou judicieux imité de tous les parasites de tous les états et de tous les pays, animaux circonspects auxquels la fortune, l'honneur et la gloire de la société ne doivent rien, et que cependant elle comble follement partout de ses faveurs et de ses bienfaits. Mais le ciel incompréhensible dans ses décrets, comme la fortune, dans la bizarrerie de ses caprices, semble se plaire à démentir et à confondre l'orgueil ou la vanité humaine, dans les cathégories éphémères de la hiérarchie sociale, en faisant les instrumens de ses prodiges ou de la grandeur humaine les créatures souvent les plus obscures et les plus ignorées qui, messieurs les savans, voudront bien s'en souvenir

une bonne fois, et leur faire la justice ou la grâce
d'en convenir, ne sont pas toujours les plus igno-
rantes pour n'avoir pas tout l'appareil et le poids de
leur science. Ainsi, j'obtins de la bonté divine
et d'une raison suppléante au talent et à la science,
l'honneur et la gloire de fixer irrévocablement les
limites déterminées de la géométrie simplifiée,
désormais dans la définition réelle et positive de ses
deux élémens ou principes, la courbe et la droite,
et d'en chasser définitivement l'hypotèse et l'erreur, en portant le flambeau de la vérité métrique
dans les profondeurs jusqu'alors ténébreuses de la
sphère; la quadrature est connue (1) : cet oracle
est plus sûr que celui de l'impossible et dérisoire
impossibilité de la quadrature du Calchas géomé-
tre ou géomètre Calchas. Le lecteur ou l'incrédule
peut, l'œil et l'attention fixés sur la figure géométrique, en trouver cent preuves pour une dans l'essence des rapports géométriques de la solution d'un
problême, où la science même a mis toute sa perfection et sa grandeur.

____

(1) « La découverte de la boussole, dit Rollin, n'a
» tenu pendant tant de siècles qu'à la connaissance des
» propriétés de l'aimant facile à découvrir, et qui avait
» échappé, néanmoins, aux recherches d'un nombre
» infini de savans, dont la sagacité avait pénétré dans les
» mystères de la nature les plus obscurs et les plus pro-
» fonds. »

Au reste, les savans et les antagonistes peuvent attaquer ma découverte, avec le talent dont ils sont capables et la compétence éventuelle dont ils sont revêtus ; ils peuvent même la nier, comme certains cabalistes niaient le mouvement, malgré l'évidence de leur mobilité absolue ; le gouvernement, ou mon pays peut, lui-même, sur la foi d'un jury scientifique, éminemment recommandable, sans doute, mais non point infaillible, rester sourd et indifférent à l'intérêt de ma découverte, et, dans une fausse et folle assurance, me refuser le prix honorable auquel elle me donne un droit incontestable, à l'instar au moins des productions mercantiles ou mécaniques couronnées. Je me sens assez de force d'âme pour faire à l'amour et à l'honneur de mon pays, ainsi qu'au bien général, le sacrifice temporel de mes intérêts personnels, me réservant seulement d'appeler de l'apathie ou de l'ingratitude de sa juridiction, à l'équité des dieux et au jugement de la postérité, arbitre incorruptible et inexorable du sceau mis par l'inflexible histoire aux actes du passé. Le folliculaire, l'infiniment petit-fils bâtard posthume de Folliculus ; peut dénigrer, insulter même, selon le privilége du métier, ma découverte, avec cette suffisance, cette habileté d'observation, cette scrupuleuse exactitude de vérité et de raison avec lesquelles il a résolu le problème abstrus de ses palinodies : il peut en déprécier l'importance et le

mérite, avec cette heureuse sagacité, ce rare talent avec lequel il a carré l'hipoténuse des évé-
nemens révolutionnaires ; mais il me permettra,
comme je le crois, aujourd'hui, agent centripède,
de prendre ici un terme moyen et d'appeler de son
officialité à l'opinion publique, son juge et le mien,
comme d'en solliciter du moins, dans un juste dégré
de proportion, la considérationet les honneurs que
le critique rend, non gratuitement sans doute,
avec une profusion, une complaisance, un zèle et
un dévouement dignes de remarque, aux utilités
et futilités domestiques qu'il recommande expres-
sément à la faveur publique.

Je saurai d'ailleurs, si ma découverte restait
méconnue, me rendre raison de celle de mon
tems, par toutes les autorités historiques du souvenir ; les hommes bien inspirés, non seulement
inappréciés, mais encore outragés, même persé-
cutés, par la plus inconcevable comme par la plus
monstrueuse ingratitude des puissances contempo-
raines, seront, pour moi, une glace où se réflé-
chiront à la fois l'aveuglement, l'injustice et l'ho-
roscope renouvellés des Grecs de mes juges, ainsi
que des modèles dont les exemples et la justifica-
tion tardivement, mais enfin établie, me feront
attendre désormais, dans le respect et la discrétion
pour les uns, le silence et le mépris pour les autres, la fin d'un martyre passager, ou la palme
d'une victoire infaillible, obtenue de l'assentiment

des gens sensés, qui ne me jugeront pas savamment sans m'entendre, ou qui ne feindront point
de ne le pouvoir, s'il en est encore qui aient le
courage de rendre un hommage public à la vérité.

J'aime à croire que le public, dans cette loyale
disposition, ne se laissera pas prévenir ni gagner
par l'acatalepsie scolastique et tomber son jugement sous le faux poids de considérations incompatibles avec la probité, de droit et de fait que je
revendique, dans la justice que je réclame, et qui a
inviolablement pour titre, à son suffrage impartial
et protecteur, l'intérêt et l'importance d'une découverte, dont le moindre mérite est d'offrir en
elle un cours complet de géométrie, résultant
d'une réforme légale et indispensable au règne intègre de la science, réduite à sa plus simple expression et portée à la perfection par la quadrature
trouvée et prouvée.

Par RUTHIGER.